Placas Tectônicas

editores
PROF. DR. ANDERSON COSTA DOS SANTOS
GILMAR PACHÁ SILVA
ilustrações de ISAURA DA SILVA

PLACAS TECTÔNICAS

Autores: MsC. Mariana Bessa Fagundes/ Prof. Dr. Anderson Costa dos Santos (FGEL-UERJ)

Editores: Prof. Dr. Anderson Costa dos Santos/ Mestrando Gilmar Pachá Corrêa (FGEL-UERJ)

Revisores Científicos:

Prof. Dr. Rodson de Abreu Marques (UFOP)/ Prof. Dr. Anderson Costa dos Santos (FGEL-UERJ)

Projeto de Extensão nº 5872 - Incorporação de tecnologia no aprendizado da geociência (desde 2018)

Revisores Ortográficos: Profª. Drª. Poliana Arantes/ Roberto Fernandes (ILE-UERJ)

Designer Gráfica: Isaura da Silva

ISBN: 978-65-5842-426-0

Apoio:

CNPq Museus Edital 2022

FAPERJ JCNE Edital 2022

Produtividade CNPq Edital 2021

PROCIÊNCIA editais 2020 e 2023

PR3-DEPEXT

FGEL-DMPI-UERJ

Grupos de Pesquisa: TEKTOS - GeoBioTec - IDL

Universidades Parceiras: UFOP - UFMG - UFBA - UnB - UFG - UFRJ

Editora Ciência Moderna Ltda.
R. Alice Figueiredo, 46 – Riachuelo
Rio de Janeiro, RJ – Brasil CEP: 20.950-150
Tel: (21) 2201-6662/ Fax: (21) 2201-6896
E-MAIL: LCM@LCM.COM.BR
WWW.LCM.COM.BR

Geologia CDD 550

01/25

Agradecimentos

Agradeço aos autores das cartilhas pelo empenho apresentado para sua consecução, aos revisores científicos e linguísticos, à Anna Caroline Costa dos Santos pela idealização da logo, à designer gráfica pela produção dos personagens e da diagramação. Agradeço ao prof. Hermínio Ismael de Araújo Júnior pela inspiração em criar as apostilas de divulgação científica. Não obstante, às entidades de fomento FAPERJ e CNPq pelo apoio financeiro no desenvolvimento dos trabalhos aqui apresentados. Por fim, dedico todos esses trabalhos à minha sobrinha Melina Costa de Carvalho, por ter me inspirado em transformar a linguagem científica em palavras simples para que a ciência seja universalmente compreendida.

Apresentação

Olá!

Você que está lendo esse trabalho, saiba que ele foi idealizado para que você conheça um pouco mais sobre o mundo das geociências! Conhecer e saber como o planeta em que vivemos evoluiu nos ajuda em muitas questões atuais como exploração de bens naturais econômicos, uso e recurso da água, dos oceanos, nos faz entender um pouco mais sobre climatologia, sobre os registros do passado e de que forma podemos pensar sobre o futuro.

Queremos te ensinar um pouquinho mais sobre geociências e transmitir o conhecimento para outras pessoas. Ela foi pensada para promover e instigar a sua curiosidade pela ciência e pelos cuidados com o Planeta Terra.

E aqui, nós vamos ser os seus guias nessa jornada! Vamos explorar juntos e aprender mais sobre as geociências de maneira fácil e divertida.

Então se prepare para embarcar em uma experiência rica em conhecimento com a gente!

Vamos lá?

SUMÁRIO

GLOSSÁRIO

ABALOS SÍSMICOS: terremotos, vibrações na crosta terrestre.

ANOMALIAS MAGNÉTICAS: diferenças no valor da intensidade do campo magnético em um determinado espaço, corpo ou objeto.

CAMPO MAGNÉTICO: é a concentração de magnetismo em torno de um determinado espaço, corpo ou objeto.

CONTINENTE: grandes massas de terra limitadas por mares e oceanos. Exemplo: continente africano, europeu, sul americano.

CORDILHEIRAS: vasta cadeia de montanha produzida por colisão entre duas ou mais placas tectônicas. Exemplo: Cordilheira dos Andes e Himalaias.

CRÁTON: área estável do continente que não é afetada pela atividade tectônica das margens da placa (limite divergente, convergente e transformante). Exemplo Cráton São Francisco.

DORSAL: grandes cadeias de montanhas submarinas formadas nos limites divergentes de placas tectônicas. Exemplo: Dorsal Meso-oceânica.

DÚCTIL: que se pode estirar ou comprimir sem se romper ou quebrar. Elástico, flexível e moldável.

ESCOAMENTO SUPERFICIAL: deslocamento de água sobre a superfície do solo.

FEIÇÕES GEOLÓGICAS: estruturas

geológicas como montanhas, bacia sedimentares.

Mapeamento: traçar, diagramar, desenhar e esquematizar contornos geológicos de uma dada região.

Megacontinente: duas ou mais massas continentais que foram resultado de uma divisão inicial de um supercontinente. Exemplo: Megacontinente Atlântica.

Margem Passiva: são margens continentais que não coincidem com um limite de placas tectónicas. Exemplo: costa brasileira.

Magmatismo: formação, desenvolvimento e movimentação do magma.

Meridional: situado no Sul.

Reologia: ciência que estuda o fluxo e deformação da matéria.

Rifte: do inglês "fenda", estrutura resultante da ruptura da crosta formada nos limites divergentes de placas tectônicas. Exemplo: Rifte do Leste Africano.

Rúptil: que se rompe facilmente, quebradiço, frágil.

Sedimentos: detritos resultados da decomposição das rochas.

Sondagem: furo realizado na crosta a fim de avaliar e estudar os materiais em subsuperfície.

Supercontinente: massa continental única que reúne todas ou muitas das massas continentais em um só território. Exemplo: Supercontinente Pangea.

Vulcanismo: fenômeno geológico que ocorre do interior da Terra para a superfície, quando há o extravasamento do magma em forma de lava, além de gases e fumaça.

INTRODUÇÃO

Antes de começarmos a falar sobre a Tectônica (do baixo latim tectonicus: construção) de Placas, precisamos entender quando e como tudo começou!

Cerca de 40 anos atrás, os conceitos básicos da tectônica de placas começaram a ser reunidas e unificadas em uma só teoria. Até então, ideia como a Deriva Continental era aceita para argumentar os processos terrestres. Porém, tal teoria não era capaz de explicar de modo satisfatório toda complexidade dos processos geológicos que aconteceram e acontecem na Terra. A tectônica de placas, conseguiu por si só, satisfazer as lacunas até então existentes. A mesma descreve a movimentação das placas, as forças atuantes entre elas e o resultado destes dois fatores. Isso é o que vamos ver nesta cartilha nas próximas páginas!

Deriva Continental

Deriva Continental teoriza a movimentação de grandes porções do globo. Estas porções, que se encaixariam como um quebra-cabeça, se movimentariam por deriva. No século XVII, cientistas europeus observaram que as linhas de costa da América do Sul e África, por exemplo, se encaixavam perfeitamente (Figura 01) e consideraram que em um dado momento da história do planeta, essas porções já tivessem sido uma só. No livro intitulado *The Origin of Continents and Oceans*, o meteorologista Alfred Wegener mostrou evidências da similaridade de feições geológicas de regiões da América do Sul e África, bem como da América do Norte e da Europa. Além das feições geológicas, em seu livro, Wegener também baseou nos contornos das costas destes continentes, que se encaixariam.

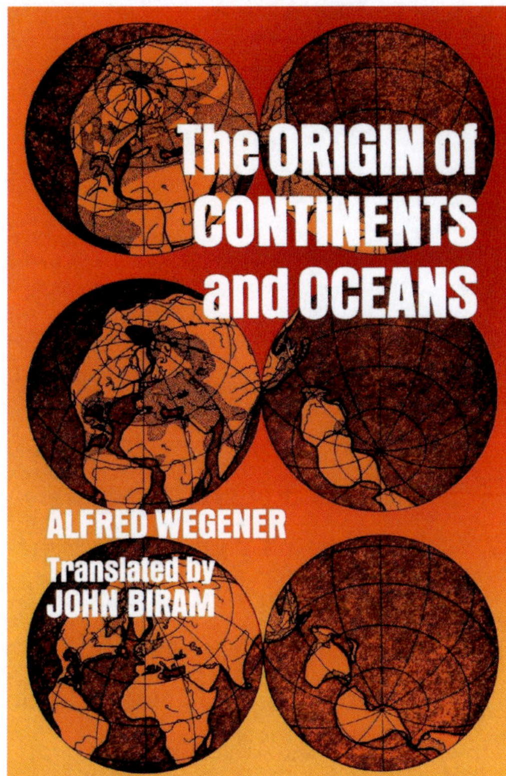

Capa do livro "The Origin of Continents and Oceans", de Alfred Wegener.
Fonte: Amazon

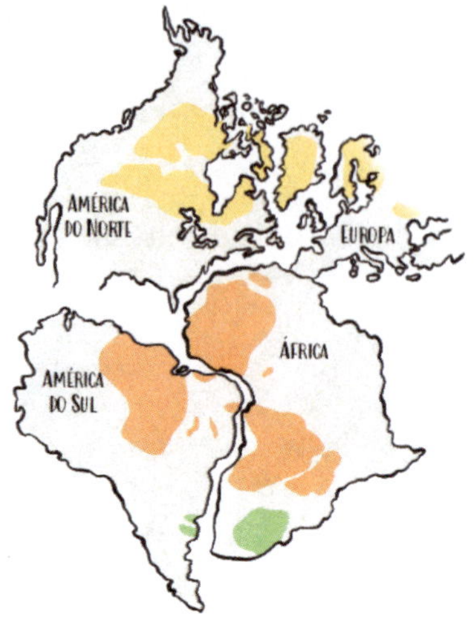

Figura 01 - Os encaixes do quebra-cabeça dos continentes segundo a teoria da Deriva Continental de Alfred Wegener. As cores simbolizam rochas similares encontradas nos continentes que hoje estão separados, que comprova que em um dado momento da história essas massas de terra foram uma só.

No final do século XIX, o geólogo Eduard Suess afirmou que os continentes meridionais eram um único continente gigante, chamado Terra de Gondwana. Já no início do século XX, Alfred Wegener observou as semelhanças e até continuidade de rochas, estruturas geológicas e fósseis dos lados opostos do Atlântico. Com essas evidências, Wegener sugeriu a existência do *Pangea* (*pan* do grego: todo; *gea*: terra), um supercontinente que se fragmentou em outros pequenos continentes. Entretanto, esta teoria não foi aceita na época pela comunidade científica. Só após 10 anos da sua morte, tal teoria (do supercontinente) foi reconhecida.

Apenas na Segunda Guerra Mundial, através do mapeamento do fundo oceânico, cientistas começaram a dar importância a teoria da expansão do assoalho oceânico, afirmado por Wegener, que gerou a fragmentação dos continentes e a configuração da Terra que vemos hoje. Através deste mapeamento, que tinha como objetivo explorar o fundo oceânico para fins bélicos, os cientistas (Bruce Heezen e Marie Tharp) descobriram um rifte (vale em forma de fenda) ao longo do Oceano Atlântico, a Dorsal Mesoatlântica. Heezen e Tharp observaram que ao longo desta dorsal, sucediam frequentes abalos sísmicos (terremotos) que indicavam a movimentação da crosta.

As dorsais oceânicas (Dorsal Mesoatlântica, do Pacífico, Antártico, Oceano Índico, etc) são um sistema global de segmentação da crosta onde se encontram os limites das placas tectônicas, Figura 02. Em 1960, Harry Hess e Robert Dietz afirmaram que existia ascensão e formação de nova crosta ao longo dessas dorsais através de fraturas nelas existentes. Esta nova camada formada se espalharia lateralmente, como uma esteira rolante, sendo substituída por uma crosta mais nova gerando mais placas em um processo contínuo.

Figura 02 - Representação do assoalho oceânico mostrando os vales em rifte que formam fendas chamadas de dorsais oceânicas. De cor amarela são as massas de terra dos continentes, azul o fundo oceânico e cinza as dorsais.
Fonte: Mar Sem Fim

CURIOSIDADE

Na Islândia é possível andar e nadar entre duas placas tectônicas!

A Islândia se localiza no centro de divergência entre duas placas tectônicas: Placa da América do Norte e Placa da Euroasiática, Figura 03 A. Como estas placas estão ativas, é possível desfrutar de uma das experiências e paisagens mais exuberantes e magníficas da Terra que é caminhar entre elas (Figuras 03 B). Formadas a partir de erupções vulcânicas há alguns milhões de anos atrás, é um dos poucos lugares no mundo onde você pode estar no cume da dorsal em terra seca e embaixo d'água (Figura 03 C).

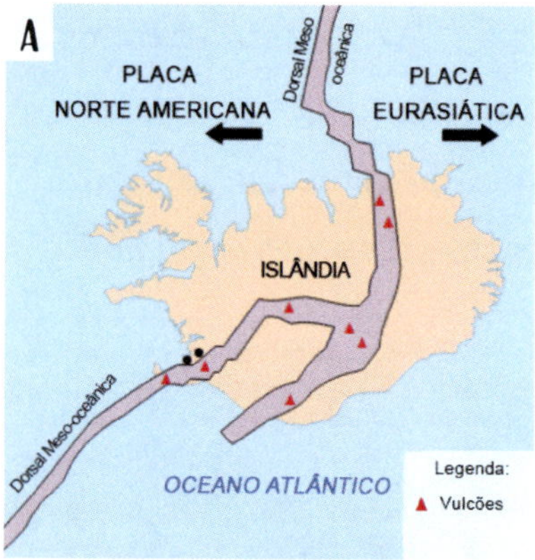

Figura 03 - Islândia, sua paisagem e suas placas tectônicas. A) Mapa Simplificado da Islândia. As placas tectônicas que nela estão atuando e suas respectivas direções de movimentação; B) Turistas caminhando entre duas placas tectônicas da Dorsal Mesoatlântica na Islândia. C) Mergulhador entre a Placa da América do Norte e Placa da Euroasiática De um lado a Placa da América do Norte e Placa da Euroasiática.
Fonte: Portal G1

Em 1965 o geólogo Tuzo Wilson descreveu a tectônica de placas como *"placas rígidas movendo-se sobre a superfície terrestre"* de onde definiu três limites entre elas: divergente, onde as placas se separam; convergente, onde as placas colidem; e transformante, onde a placas se movem lateralmente uma em relação a outra. A partir destas afirmações, outros cientistas declararam ao longo dos anos seguintes que a formação de cordilheiras, de mares e oceanos, abalos sísmicos e vulcanismos aconteciam predominantemente nos limites destas placas. Desde então, livros acadêmicos foram revisados para a nova teoria que é aceita até os dias atuais.

Você Sabia...

que existe um local no mundo chamado Círculo de Fogo?

O Círculo de Fogo, ou Anel de fogo do Pacífico (Figura 04), é um local no Pacífico em que se concentram atividades vulcânicas e abalos sísmicos resultante das atividades das placas tectônicas. Neste local, as placas exibem uma movimentação essencialmente convergente uma em relação à outra.

Figura 04 - O Círculo de Fogo do Pacífico, onde vulcanismo e terremotos acontecem com frequência devido ao encontro de placas tectônicas. Na foto estão representados os continentes, os limites das placas tectônicas em linhas pontilhadas e o Círculo de Fogo do Pacífico.

Estrutura da Terra

No item anterior fizemos um pequeno histórico de como surgiu a teoria da Tectônica de Placas. No entanto, qual a força motriz responsável por tal movimentação? Para entendermos como funcionam tais mecanismos, precisamos primeiro estudar como é a estrutura interna da Terra.

Métodos de Investigação

Os métodos de investigação são um conjunto de procedimentos investigativos (matemáticos e experimentais) que objetivam observar, estudar, explorar e responder perguntas para construção de uma hipótese. No nosso caso, os métodos de investigação nos ajudaram a entender a estrutura interna do planeta para aplicarmos no entendimento da tectônica de placas.

Os métodos podem ser diretos, que usam de observação visível da geologia como visada de paisagens, sondagens e exploração de jazidas minerais, por exemplo. Já os métodos indiretos consistem na meteorítica (a ciência que estuda meteoritos e outros materiais extraterrestres), planetologia (estudo dos sistemas planetários) e geofísica (ondas sísmicas, por exemplo).

Para a investigação do interior da Terra, os cientistas utilizaram as respostas das ondas sísmicas P e S (Tabela 1). Ondas sísmicas são ondas de natureza mecânica que se propagam no interior da Terra. Essas ondas são propagadas através de sismos ou explosões feitas pelo homem na superfície da Terra (foco sísmico) gerando liberação de energia, e são classificadas quanto a sua natureza, direção de propagação e direção de vibração.

Tabela 1: Resumo das diferenças entre as ondas P e S.

Ondas P	**Ondas S**
Primárias	Secundárias
Maior velocidade na propagação	Menor velocidade na propagação
Longitudinais	Transversais
Compressão	Cisalhantes

Ondas P (Figura 05 A) são primárias porque têm maior velocidade de propagação. Possui direção de vibração longitudinal, ou seja, as vibrações são paralelas a direção de propagação como por exemplo as ondas sonoras. Também são classificadas com ondas compressivas, pois elas comprimem e dilatam o objeto onde se propaga, como uma sanfona, e com isso alteram o volume do meio em que se deslocam. Essa forma de onda se propaga tanto em meios sólidos ou fluidos.

As ondas S (Figuras 05 B) são secundárias pois possuem velocidade de propagação menor que as ondas P. A direção de vibração é transversal, ou seja, vibrações são perpendiculares à direção de propagação como ondas de uma corda de um violão ao serem tocadas. Também são classificadas como cisalhantes (que causam deformação) e alteram somente a forma do meio em que se propaga. As ondas S se propagam apenas em meios sólidos, diferente das ondas P que se propagam em meios sólidos e líquidos. Estas características ajudaram os cientistas a concluírem quais camadas da Terras são sólidas e líquidas, por exemplo.

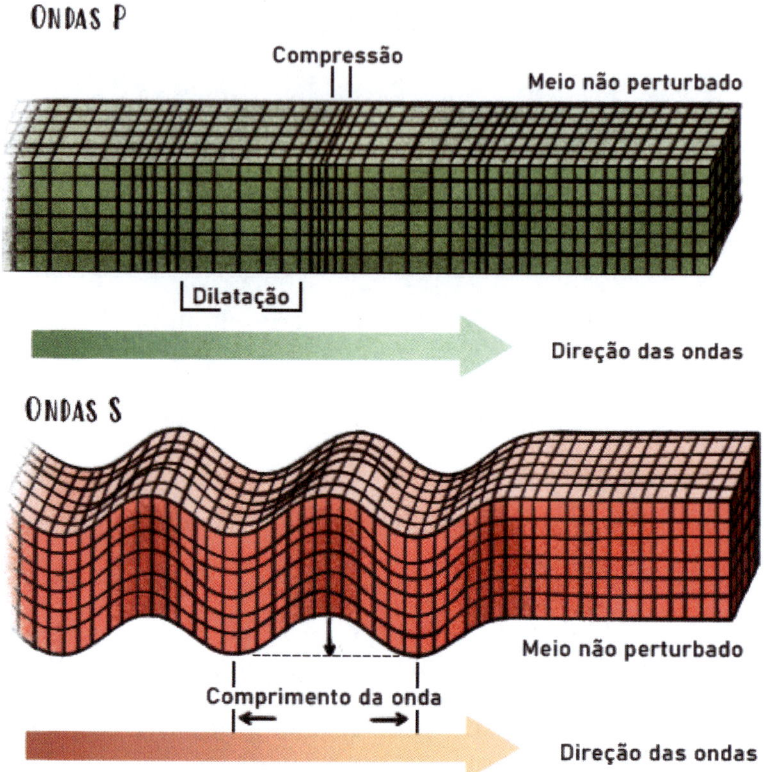

Figura 05 - Modelo simplificado do comportamento das ondas sísmicas de natureza mecânica utilizadas para o entendimento do interior do planeta. A) Ondas P, primárias e longitudinais; B) S, secundárias e cisalhantes.
Fonte: modificado de Apolo 11

A integração dos dados sísmicos coletados nos observatórios sismográficos permitiu traçar um padrão de comportamento das ondas sísmicas. Em geral, a velocidade aumenta com a profundidade, comprovando que o interior da Terra é predominantemente sólido, que há camadas horizontais concêntricas (crosta, manto e núcleo) e que existe uma mudança no comportamento das ondas entre essas camadas. Estas mudanças de comportamento, chamadas de descontinuidades, permitiram que os cientistas entendessem que mesmo a Terra sendo rígida, é separada em camadas e, estas camadas são subordinadas a essas descontinuidades, por isso há movimentação das placas sobre o manto, por exemplo.

CURIOSIDADE

Ondas P e S e o Sexto Sentidos os Animais

Todos já escutaram relatos de pessoas que afirmavam que alguns animais "pressentiram" um terremoto antes dele acontecer. É sabido que os animais além de terem a audição mais apurada que a nossa, também possuem um sentido (algumas funções neurológicas) também mais apuradas. Além disso, existem pesquisadores que acreditam que os animais são mais sensíveis às ondas sísmicas também. Eles acreditam que, quando acontece um tremor de terra, eles sentem as ondas P (longitudinais) chegarem antes das ondas S (cisalhantes). Nós humanos só sentimos as ondas S porque elas dão aquele "sacolejo" quando chegam à superfície. Já os animais sentem as duas!

Essas percepções, segundo os cientistas, fazem com que os mesmos fiquem com um comportamento diferente do normal, porque eles já sentiram as vibrações das ondas P, antes das ondas S chegarem a superfície.

Subdivisão da Terra

A Terra pode ser dividida, simplificadamente, em três camadas: crosta, manto e núcleo (Figura 06), como citamos no item anterior. Suas principais características estão resumidas na Tabela 2. Estas divisões (os cientistas chamam de divisão sismo-composicional) foram estabelecidas mediante as integrações dos métodos de investigações indiretos e o critério de classificação é químico, porque cada camada da Terra (crosta, manto e núcleo) possui uma química diferente, se comporta de forma diferente e tem um papel importante na tectônica de placas.

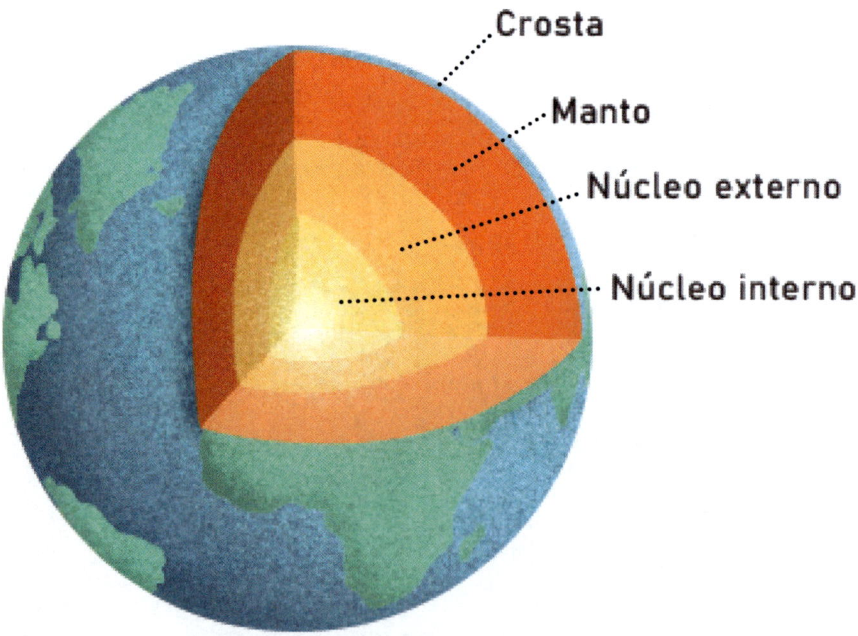

Figura 06 - Esquema da divisão da Terra onde, simplificadamente, temos a crosta, manto e núcleo.
Fonte: modificado de Infoenem

Tabela 2: Resumo da subdivisão da Terra e suas principais características.

Divisões	Subdivisões	Profundidade	Rochas Predominantes	Comportamento	Importância
Crosta	Crosta continental	70 km	Granodioríticas	Sólido (rúptil)	Onde estão as placas tectônicas
	Crosta oceânica	35 km	Basalto	Sólido (rúptil)	
Manto	Manto superior	410 km	Peridotito	Sólido (dúctil)	Responsável pela movimentação das placas tectônicas
	Manto transicional	660 km			
	Manto inferior	2.900 km			
Núcleo	Núcleo Externo	5.100 km	Liga de ferro e níquel	Líquido	Responsável pela geração do campo magnético da Terra
	Núcleo Interno	6.400 km	Liga de ferro	Sólido	

A crosta é a porção mais superior da Terra, rica em elementos Si e Al e é dividida em crosta oceânica e crosta continental (Tabela 3). A crosta oceânica é predominantemente composta por rochas basálticas (ricas em Fe e Mg), possui densidade média de 2,7 g/cm³ e é relativamente nova possuindo idades apenas a partir do Jurássico, cerca de 200 - 150 Ma (milhões) de anos, devido a sua "reciclagem" nas zonas de subducção. De comportamento rúptil, ela é gerada nas dorsais meso-oceânicas a partir de geração de basaltos provenientes do manto. Já a crosta continental é predominantemente composta por rochas granodioríticas (ricas em Si, Al, Na e K). É espessa, podendo chegar até 70 km de espessura e apresenta densidade aproximadamente de 2,3 g/cm³. É gerada em arcos magmáticos e consumidas em zonas de colisão continental e com isso possui idades mais antigas, pois é mais difícil de se reciclar.

Tabela 3: Resumo das diferenças composicionais e estruturais das crostas oceânicas e continentais.

	Crosta Continental	Crosta Oceânica
Espessura	Média de 35 km podendo chegar a 70 km em limites de placas convergentes e muitosfinas em zonas de rifte.	Média de 7 km podendo chegar a 0 km em dorsais mesoceânicas.
Densidade relativa	Aproximadamente 2,3 g/cm³	Aproximadamente 2,9 g/cm³
Composição média	Composição média granodiorítica (Si, Al, Na e K). É composto por rochas de diferentes origens: consolidação do magma (rochas ígneas), transformação por ação da temperatura (rochas metamórficas) e consolidação de material inconsolidado (rochas sedimentares).	Composição média basáltica (Si, Fe e Mg). Estas rochas são provenientes do manto.
Área e volume	Possui cerca de 41 % da área total da Terra e 79 % do volume total da Terra.	Possui cerca de 59 % da área total da Terra e 21 % do volume total da Terra.

As investigações do manto são feitas essencialmente por métodos indiretos, visto que o homem não tem acesso a essa camada. A rocha que predomina nessa camada é o peridotito (rocha rica em Fe e Mg). É subdividida em manto superior, transicional e inferior, sendo o último com profundidade de aproximadamente 2.900 km. Diferente do que é divulgado, o manto não é composto por rochas fundidas. Na verdade, é uma camada sólida maleável, ou seja, dúctil. Esta característica é importante para começarmos a entender como as placas tectônicas se movimentam.

O núcleo da Terra é dividido em núcleo externo e núcleo interno. O primeiro consiste em uma camada composta essencialmente por liga de Fe e Ni, líquida e pode chegar a temperatura de aproximadamente 3.700 °C. O núcleo interno é composto por uma liga de Ferro sólida. Os cientistas estudam estas camadas através dos métodos indiretos e também por meio dos meteoritos metálicos que caem do espaço na Terra, pois são atraídos pelo campo gravitacional da Terra. Esses possuem a composição semelhante ao núcleo terrestre. A ausência de propagação das ondas S (que só se propagam em meios sólidos), fez com que os cientistas afirmassem que o núcleo externo é líquido. Os núcleos (interno e externo) não estão estáticos, como nada no planeta Terra está. A rotação destas camadas é responsável pela geração do campo magnético da Terra, como se fosse um grande dínamo.

Um dínamo é uma máquina que utiliza energia cinética (movimento, velocidade) para gerar energia elétrica. Eles são utilizados em turbinas de hidroelétricas, por exemplo, utilizado o movimento giratório que a água gera nas mesmas e convertendo em energia elétrica. Fazendo uma comparação com o núcleo da Terra, o movimento giratório dos núcleos internos e externos produzem energia elétrica, usando o termo correto, campo magnético terrestre.

Citamos anteriormente zonas de subducção, colisão continental, arcos magmáticos... Ficou na dúvida? Nos próximos itens vamos falar o que são esses eventos, como se formam e o que as placas tectônicas têm a ver com eles!

CURIOSIDADE

O furo mais profundo feito pelo homem

Localizado na península de Kola, no Círculo Polar Ártico, Rússia (Figura 07 A), o Poço Superprofundo de Kola (Figura 07 B) possui cerca de 12 km de profundidade e o curioso é que os moradores locais dizem que conseguem ouvir "os gritos das almas torturadas no inferno". Precisaram de 20 anos para fazer esse furo, que está inacabado. Quando finalizaram os trabalhos, a broca estava apenas a um terço do caminho entre a crosta e o manto da Terra. Foram cessados os furos por conta de questões políticas da Rússia pós-soviética (Figura 07 C).

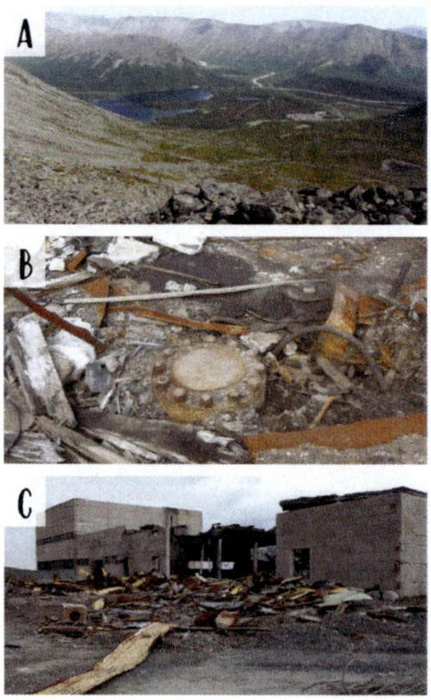

Figura 07 - Localidade onde está o furo mais profundo feito pelo homem. A) Península de Kola, Rússia; B) Objeto arredondado utilizado como tampa do furo; C) As instalações abandonadas do projeto que objetivava fazer o furo mais profundo do planeta.
Fonte: BBC

A motivação para o empreendimento foi a Guerra Fria com uma corrida entre as superpotências para perfurar o furo mais fundo para alcançar o manto do planeta. Agora, são os japoneses que querem se lançar nesta empreitada: "O objetivo final do (novo) projeto é obter amostras reais do manto tal qual ele existe agora", diz Sean Toczko, gerente de programa da Agência Japonesa para Ciências da Terra Marinha.

O que são as Placas Tectônicas

A crosta terrestre e parte do manto superior (litosfera) é fragmentada como um quebra-cabeça com cerca de doze grandes placas rígidas e que se movimentam sobre a superfície terrestre. Estas são as placas tectônicas (Figura 08), e de acordo com a teoria, cada placa se move individualmente sobre o manto superior e transicional (astenosfera), que também está em movimento. As principais placas e a direção de seus movimentos estão representadas nas Figuras 08, 09, 10 e 11, respectivamente.

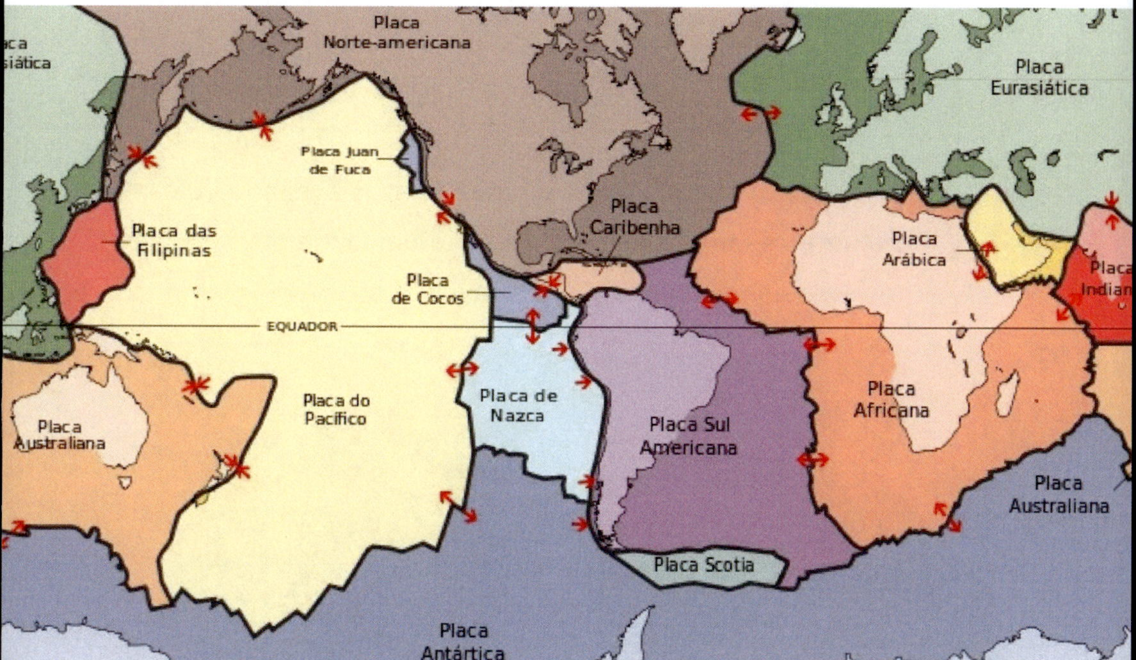

Figura 08 - As placas tectônicas e seus limites. Cada cor representa uma placa tectônica e nelas podem ou não ter um continente inserido como a Placa do Pacífico sem continente e a Placa Africana com o continente Africano. As setas simbolizam a direção de movimentos das mesmas. Fonte: Toda Matéria

As placas tectônicas contêm partes da crosta continental e oceânica (Placa Sul-americana e Placa Africana, por exemplo) ou somente crosta oceânica (Placa do Pacífico) e geralmente recebem o nome do continente ou oceano que as contém. Existem três tipos de limites de placas, que são caracterizados pelo modo como as mesmas se deslocam umas em relação às outras. São estas:

1. Limite divergente (Figura 9 A): onde as placas se afastam uma das outras. Neste limite são construídas a crosta oceânica através das dorsais (oceanos) e riftes (continentais) e, a partir delas se formam os grandes lagos, mares e/ou oceanos. Um grande exemplo desta movimentação é a Placa Africana e a Placa Sul-americana que se separaram (Figura 9 B). Atividade vulcânica intensa e tremores de terra são frequentes nessas áreas. O vulcanismo é responsável pela geração de rocha e tremores de terra associados ao rifteamento e ao movimento das placas;

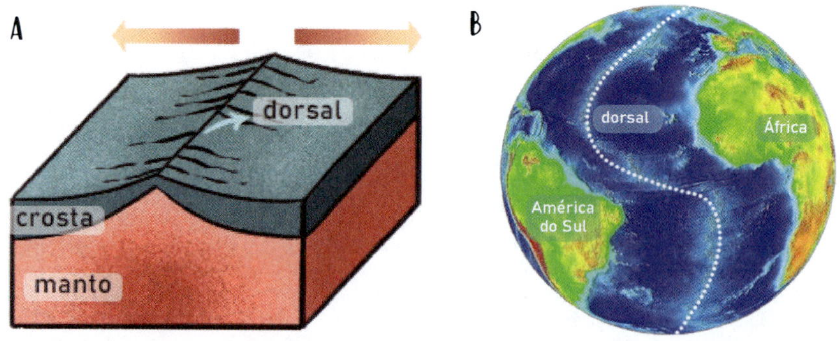

Figura 09 - Limite divergente entre duas placas tectônicas. A) Perfil esquemático; B) Exemplo da Dorsal Mesoatlântica (por estar no Oceano Atlântico) responsável por separar o continente da América do Sul e Africano.
Fonte: modificado de Lifeder

2. Limite convergente (Figura 10 A): onde as placas se colidem umas com as outras. Neste limite, as crostas continentais e oceânicas são consumidas. Se a colisão se dá entre duas placas tectônicas continentais, temos a formação de cordilheiras, como o Himalaia (Placa Indiana colidindo com a Placa Euroasiática). Se a colisão foi entre uma placa continental e outra oceânica, também temos formação de cordilheiras, como os Andes (Placa de Nazca colidindo com a Placa Sul-americana - Figura 10 B), e uma zona de subducção. Entretanto, se a colisão for entre duas placas oceânicas, há formação das ilhas oceânicas com o Japão (colisão das placas das Filipinas, Australiana e Euroasiática).

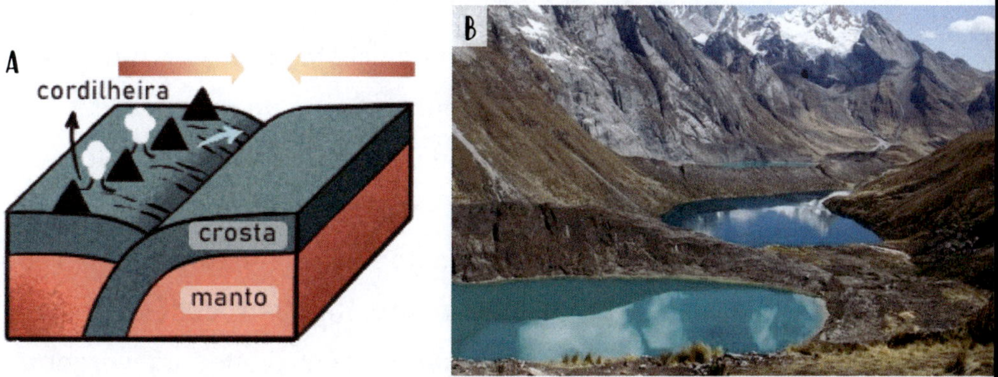

Figura 10 - Limite convergente entre duas placas tectônicas. A) Perfil esquemático; B) foto panorâmica de parte das Cordilheiras dos Andes formadas a partir da colisão das Placa de Nazca colidindo com a Placa Sul-americana.
Fonte: CNN Brasil

A zona de subducção é a área onde a crosta é consumida. A placa mais velha e densa (placa contendo crosta continental) desliza sob a mais velha e mais leve (placa contendo crosta continental) até ser consumida totalmente pelo manto. Enquanto uma placa é subductada para ser reciclada no manto, na placa sobrejacente, paralela à subducção, se instalam os arcos magmáticos onde é produzida nova crosta e, consequentemente, formação das cordilheiras ou arcos de ilhas. Arcos magmáticos são grandes estruturas regionais que são formadas por retrabalho da crosta que fica acima da zona de subducção. Esse evento também é gerdoa fusão as rochas. Essas feições são vistas como formas de cordilheiras como os Andes.

3. Limite transformante (Figura 11 A): as placas deslizam paralelamente uma em relação a outra. Neste caso não há consumo nem formação de crosta, apenas o movimento oblíquo, como por exemplo a Falha de San Andreas, Califórnia (Figura 11 B) onde há movimento paralelo entre as Placas Norte-americana e Placa do Pacífico. Atividade sísmica, como terremotos são frequentes neste regime. As falhas transformantes também podem conectar limites de placas divergentes com limites convergentes e limites convergentes com outros limites convergentes.

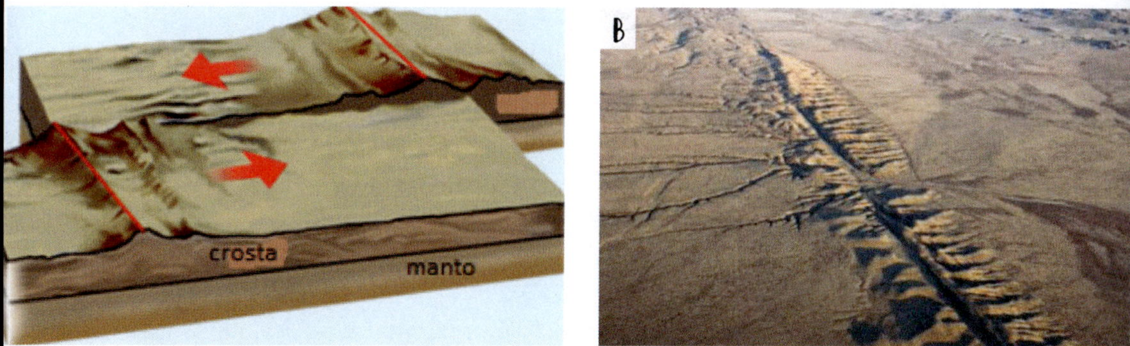

Figura 11 - Limite transformante entre duas placas tectônicas. A) Perfil esquemático; B) foto panorâmica da Falha de San Andreas, Califórnia resultado da movimentação das Placas Norte-americana e Placa do Pacífico.
Fonte: O Republicano

Você Sabia...

que o local mais profundo do oceano se chama Fossa das Marianas?

Quando ocorre a subducção de uma placa tectônica sob a outra, a placa subjacente se flexiona para baixo enquanto a outra placa cavalga por cima. Este encurvamento para baixo produz uma área estreita entre as placas que se chama fossa.

A Fossa das Marianas, na Ilha das Marianas (Figura 12 A e B), limite convergente entre as Placas do Pacífico e das Filipinas, possui cerca de 10 km de profundidade e é maior que a altura do Monte Everest, no Himalaia (Figura 12 C)! Entretanto, além deste local ser usado para estudos científicos, principalmente sobre vidas marinhas, a fossa é usada para descarte de lixo, infelizmente.

Nos anos setenta, parte da Fossa das Marianas foi usada como lugar de descarte de lixo farmacêutico. Há estudos afirmando que, em apenas cinco anos, quase 390 mil toneladas de lixo foram depositadas na trincheira, incluindo um gerador termoelétrico da missão lunar Apollo 13.

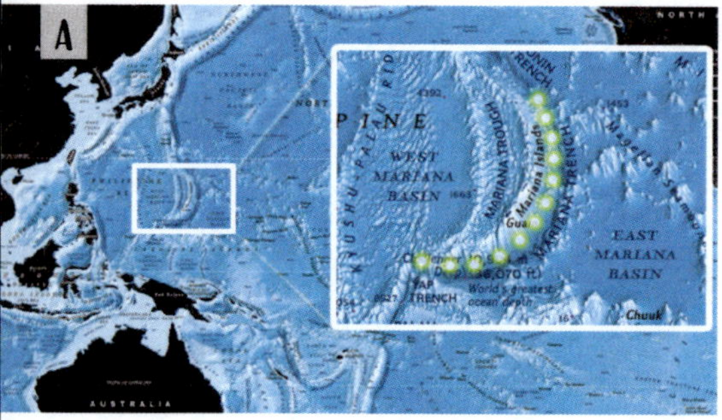

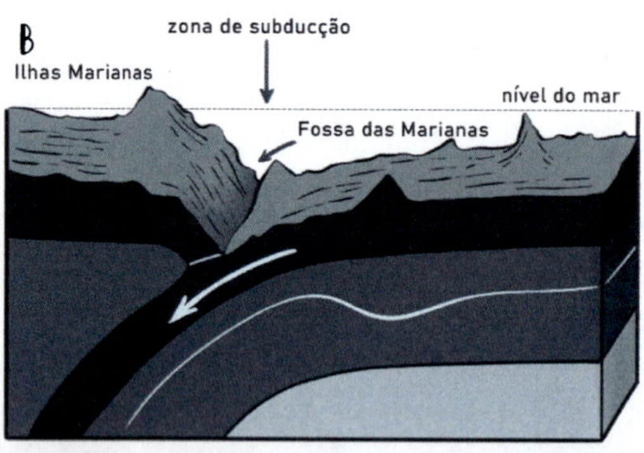

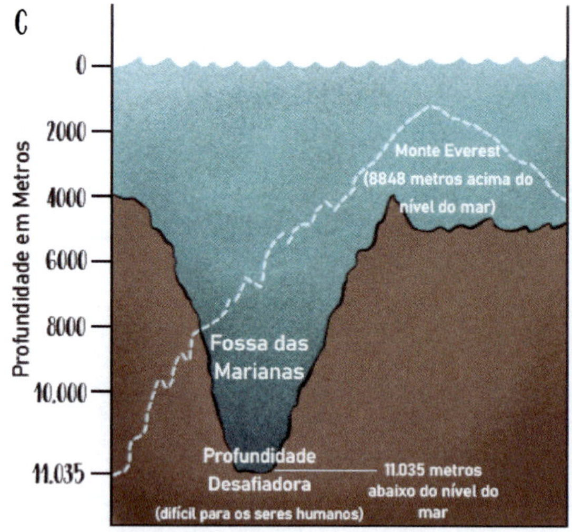

Figura 12 - Fossa das Marianas. A) Localização da Fossas das Marianas na Ilha das Marianas, limite convergente entre as Placas do Pacífico e das Filipinas; B) Perfil esquemático da Fossa das Marianas entre as placas tectônicas. C) Perfil comparativo com o tamanho do Monte Everest.
Fonte: Salvador Náutico

Importante! As palavras citadas brevemente anteriormente: litosfera e astenosfera também são utilizadas por geólogos como forma de nomear e discriminar as camadas da terra. Esta nomenclatura leva em consideração o comportamento termomecânico das rochas, ou seja, a resposta reológica da rocha com a profundidade. Diferente do que foi citado acima que leva em consideração a composição química. Nesta cartilha, usamos as classificações sismo-composicionais crosta, manto e núcleo, para melhor entendimento do leitor. Entretanto, litosfera, astenosfera e mesosfera também são aceitos. Abaixo uma tabela (Tabela 4) comparativa entre as duas classificações.

Tabela 4: Classificações das subdivisões da Terra e seus parâmetros discriminatórios.

Subdivisões	Estruturação	Membros
Subdivisão sismo-composicional	Crosta - manto - núcleo	Crosta continental, crosta oceânica, manto superior, manto transicional, manto inferior, núcleo externo e núcleo interno
Subdivisão termomecânica	Litosfera – astenosfera-mesosfera	Litosfera continental, litosfera mantélica, astenosfera, mesosfera, núcleo fluido e núcleo sólido

O MECANISMO QUE MOVE AS PLACAS

Agora que sabemos o que são placas tectônicas, precisamos entender de onde vem a energia responsável pelo seu movimento sobre a superfície da Terra. Essa energia vem essencialmente do manto! Mas antes de começarmos a falar do manto, precisamos entender que, diferente do que é divulgado, o manto não é líquido. O manto tem comportamento plástico (dúctil), ou seja, ele é um sólido maleável. Os materiais dúcteis têm a capacidade de estirar-se sem se romper (quebrar) quando é aplicado força. Um exemplo é o aço e o alumínio, são materiais dúcteis que se deformam, porém não se rompem.

As rochas do manto estão sob alta temperatura e pressão em um movimento de convecção (Figura 10). Convecção do manto é o movimento desta massa dúctil onde o material quente se intercala com o material mais frio gerando um movimento circular vertical. Onde este movimento é ascendente, as placas tectônicas acima estabelecem um movimento divergente, de separação gerando as dorsais e riftes. Ao passo que, onde este movimento é descendente, as placas sobrejacentes se convergem, colidem acarretando a formação das cordilheiras, arcos magmáticos e zonas de subducção.

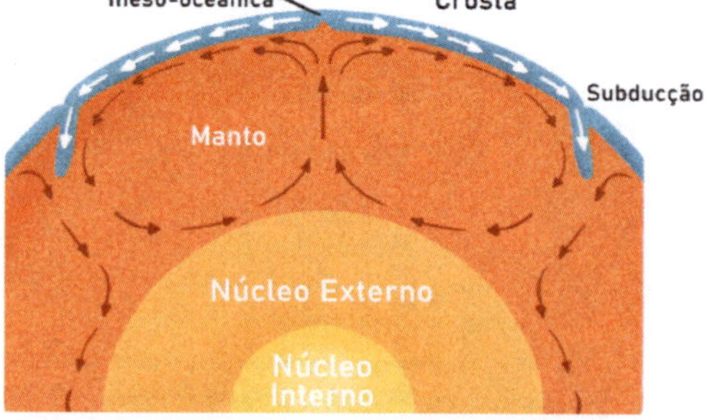

Figura 13 - Esquema da convecção do manto gerando a força motriz para a movimentação das placas.

Além do movimento de convecção, as placas também sofrem o efeito do seu próprio peso. As placas mais densas tendem a 'afundar' no mando. O efeito do peso das placas sobre o manto em convecção faz com que cada placa tenha velocidades distintas de movimento. Segundo cientistas, as placas que estão se movendo mais rápido são as placas do Pacífico, de Nazca, de Cocos e Índica. As mesmas estão em processo de subducção ou sendo consumidas ao longo de uma grande parte de suas bordas através da colisão continental. Em contrapartida, as placas que estão se movendo devagar são placas Norte-Americana, Sul-Americana, Africana, Eurasiana e Antártica. A velocidade das placas tectônicas é na escala de cm/ano e os primeiros estudos sobre suas respectivas velocidades começaram de forma inusitada.

No item de **Deriva Continental**, falamos brevemente do mapeamento do assoalho oceânico para fins bélicos. Para este mapeamento, foram desenvolvidos instrumentos extremamente sensíveis para detectar submarinos a partir dos campos magnéticos emanados por suas couraças de aço. Os geólogos utilizam esses métodos para medir o campo magnético das rochas do fundo oceânico que portam minerais magnéticos, como a magnetita.

Neste mapeamento, os geólogos descobriram que o fundo oceânico possui padrões regulares na intensidade do campo magnético local. Este padrão, que alguns cientistas

chamam de padrão zebrado, por lembrar do couro de uma zebra, alternava entre valores altos e baixos dispostos em bandas longas e estreitas, as anomalias magnéticas. Estas anomalias eram paralelas à crista das dorsais meso-oceânicas (Figura 11) e confirmaram aos geólogos expansão do assoalho e, consequentemente, sua velocidade.

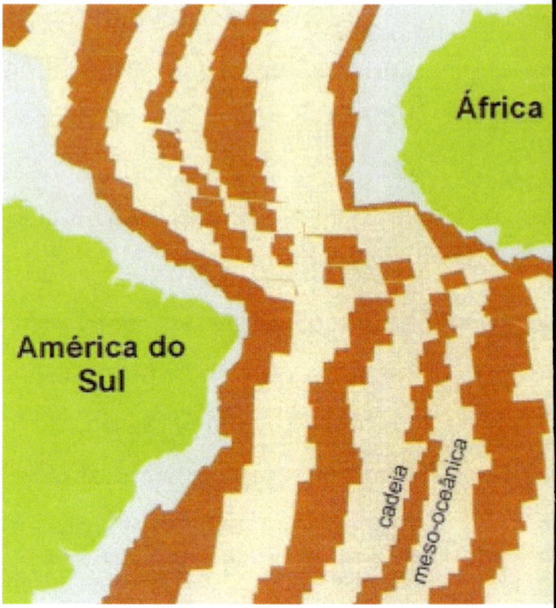

Figura 14 - Anomalia magnética do assoalho oceânico exibindo padrões regulares na intensidade do campo magnético local.
Fonte: modificado de Igeológico

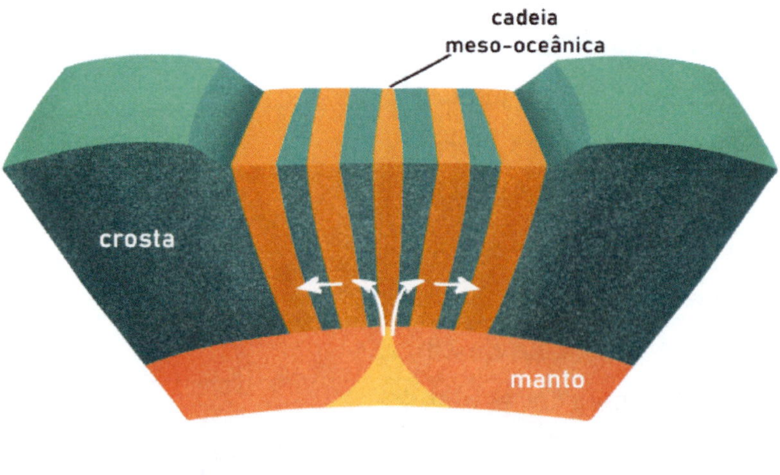

Ciclo de Wilson e a Evolução dos Continentes

Os processos de abertura e fechamento do oceano foram descritos pelo geólogo e geofísico John Tuzo Wilson na década de 60 para entender a evolução dos continentes ao longo dos milhões de anos.

Levando em consideração que a crosta é fragmentada em placas que se movem acima do manto, como blocos de gelo em um lago, e que as mesmas se movem uma em relação a outra de forma divergente, convergente e transformante, podemos pensar que existem estágios que regem estas movimentações. Chamamos estes estágios de Ciclo de Wilson. Nele, é descrito os ciclos de criação e consumo de crosta que geraram as massas continentais do passado e a configuração continental que vemos hoje. Simplificadamente, o Ciclo de Wilson pode ser dividido em quatro etapas:

1. Rifteamento (Figura 15 A) de uma massa continental estável (cráton). Esta estabilidade cessa com a instalação de pontos quentes (hot spots) sob a crostas. Estes pontos quentes são regiões onde o manto ascende e se fundem, gerando instabilidade na crosta como rifteamento (Figura 15 B) e por vezes, vulcanismo.

A

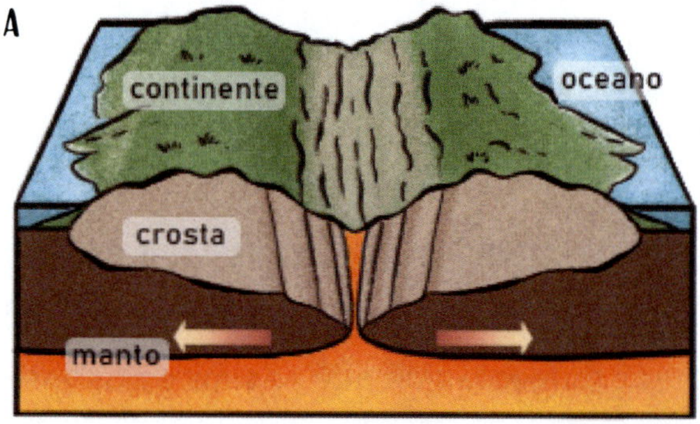

Figura 15 - Fase inicial do Ciclo de Wilson onde há instalação de riftes continentais. A) Perfil esquemático de um rifteamento; B) Rifte do Leste Africano.
Fonte: El País

2. Surgimento de margem passiva com formação de assoalho oceânico (Figura 13 A). Assoalho oceânico pode ser entendido como a superfície do fundo do mar. Após o rifteamento, a crosta se rompe e corpos d'água se instalam. O estágio um desta instalação são as formações dos grandes lagos ainda na fase rifte, posteriormente, quando há formação de crosta oceânica formando os mares e oceanos. Exemplo dessas etapas são os grandes lagos no setor leste do continente africano, o Mar Vermelho e o Oceano Atlântico, respectivamente. Entretanto, o Mar Vermelho (Figura 16 B) não irá mais evoluir para um futuro oceano, pois as etapas do Ciclo de Wilson foram interrompidas, ou seja, o regime tectônico naquele local foi cessado.

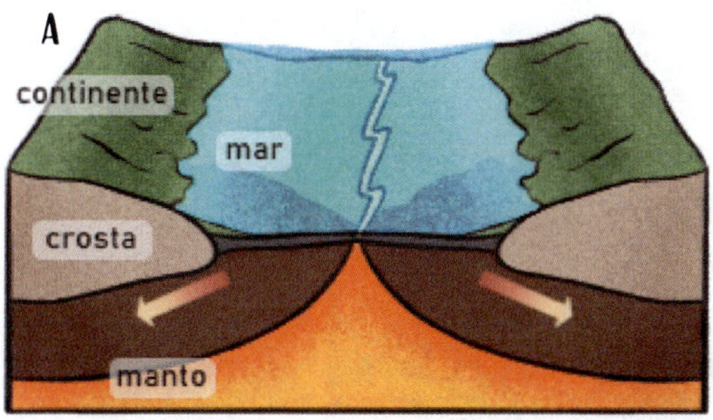

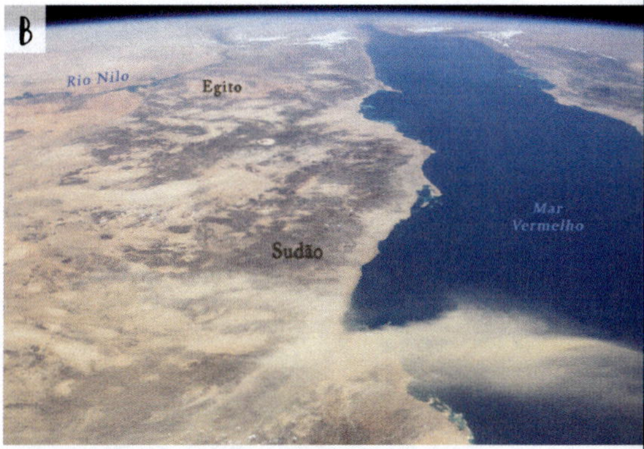

Figura 16 - Fase 2 do Ciclo de Wilson com o surgimento de margem passiva com formação de assoalho oceânico. A) Perfil esquemático de surgimento de margem passiva; B) Vista de satélite do Mar vermelho.
Fonte: Guia Geográfico

Nestas duas primeiras etapas do Ciclo de Wilson as margens das placas tectônicas são divergentes.

3. Mudança do regime tectônico e as margens divergentes se tornam convergentes (Figura 17 A), esta é a "etapa fechamento" do Ciclo de Wilson. Esta etapa começa quando a crosta oceânica se rompe em determinado local e começa a declinar sobre o manto através da zona de subducção. Exemplo de zona de subducção entre as Placas de Nazca e América do Norte (gerando a Cordilheira das Andes - Figura 17 B) e como já foi citado, a Fossa das Marianas entre as Placas do Pacífico e das Filipinas.

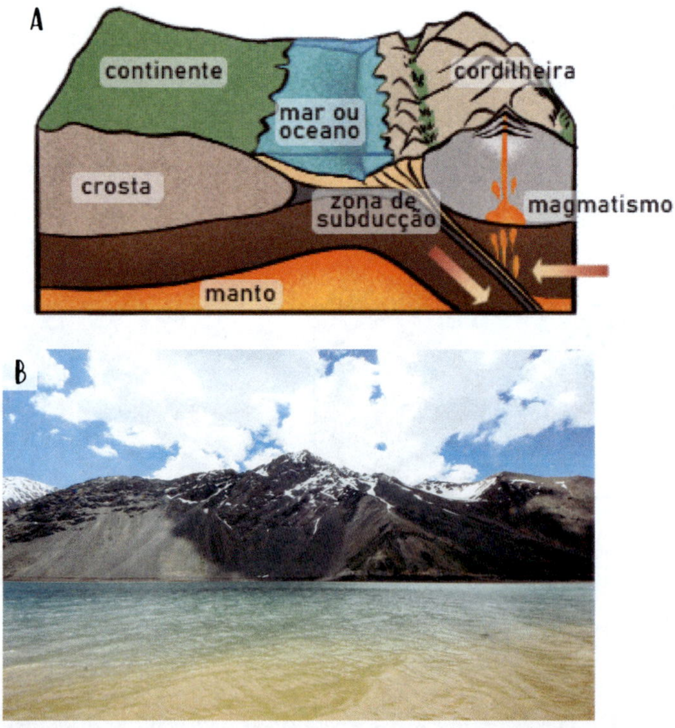

Figura 17 - Fase 3 do Ciclo de Wilson também chamada de etapa fechamento" onde a mudança do regime tectônico e as margens divergentes se tornam convergentes. A) Perfil esquemático de uma zona de subducção; B).Visada da localidade de Cajón del Maipo , Cordilheira dos Andes. Fonte: Buenas Dicas

4. Colisão continental, Figura 18 A. A Colisão continental acontece quando uma margem placa continental colide com outra em um limite convergente. Nesta etapa a crosta oceânica é consumida por completo e as massas continentais entram em um regime colisional resultando nos arcos de ilhas (ilhas do Japão) ou cordilheiras (Himalaia - Figura 18 B). A partir dessa etapa, volta-se para etapa um e o ciclo se reinicia.

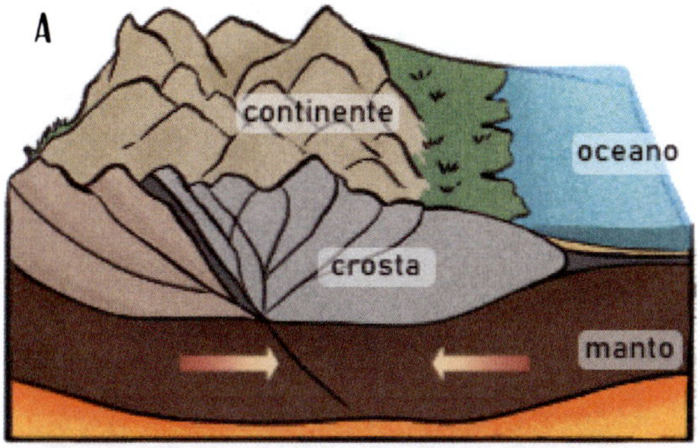

Figura 18 - Última fase do Ciclo de Wilson onde há colisão continental. A) Perfil esquemático da última fase do Ciclo de Wilson; B) Vista panorâmica dos Himalaias.
Fonte: Buenas Dicas

Você Sabia...

que o Continente Africano está em Processo de Separação?

A Placa Africana está em processo de separação evoluindo para Placa da Somália e Placa Nubian (Figura 19 A), um grande exemplo contemporâneo dos estágios iniciais do Ciclo de Wilson chamado Rifte do Leste Africano. Isso porque se instaurou um regime de riftes na Placa Africana em consequência da movimentação do manto abaixo. O mesmo processo que separou o supercontinente Gondwana está acontecendo atualmente na placa e separando o continente africano. O primeiro estágio dessa separação é a instalação de riftes continentais (Figura 19 B) e a evolução desse evento é a formação de grandes lagos, posteriormente, a entrada de água salgada se instala em um mar, como o Mar Mediterrâneo. O último estágio dessa quebra é a instalação de um oceano, como aconteceu na separação da Placa Sul-americana com a Placa Africana e a formação do Oceano Atlântico. Porém, esse processo demora milhares de anos, as placas tectônicas se movem em uma velocidade de cm/anos, portanto, não veremos a separação total do continente.

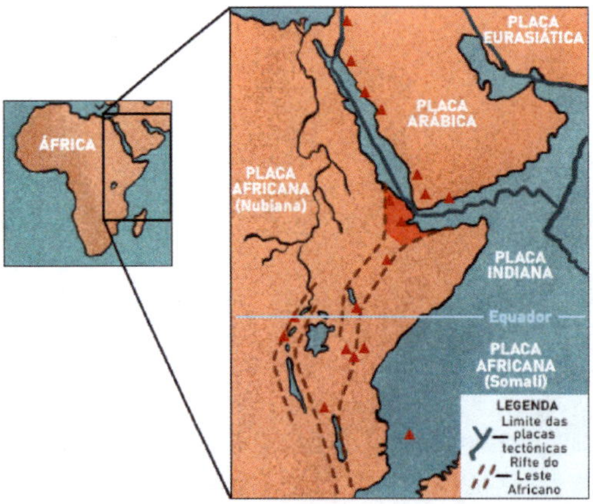

Figura 19 - Rifte do Leste Africano. A) Mapa esquemático do local onde está ocorrendo a quebra continental. As linhas representam o limite de placas, os pontilhados representam o local onde ocorrem essa separação e os triângulos vermelhos, vulcões. B) Foto do país de Quênia onde é possível observar como esse processo de quebra de continente acontece em superfície.
Fontes: Revista Galileu

Os Supercontinentes

Agora que sabemos o que são placas tectônicas, como elas se movem e os processos de abertura e fechamento de oceanos, podemos pensar que a Terra nem sempre possuiu a configuração continental que exibe hoje. A mesma possui 4,5 bilhões de anos e nesse período muita coisa mudou. Por conta da movimentação das placas, os continentes foram se aglutinando e fragmentando ao longo desses bilhões de anos.

A seguir, vamos mostrar as evoluções continentais que resultaram na configuração que vemos hoje:

- Supercontinente Kenorland: É considerado um dos supercontinentes mais antigos, existindo entre 2,7 e 2,8 Ga (bilhões de anos). O mesmo foi formado pelas primeiras porções de rocha da formação do planeta (Figura 20). Entretanto, não há consenso entre os cientistas sobre a existência deste supercontinente, pois, devido à sua idade, não há evidências plausíveis de sua possível existência.

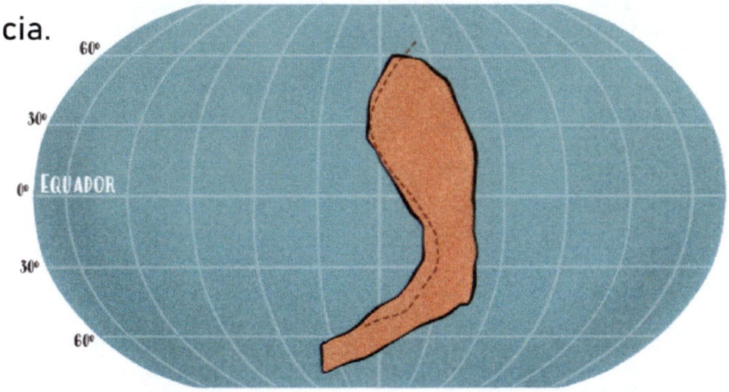

Figura 20 - Reconstrução do supercontinente Kenorland de, aproximadamente, 2,7 Ba. Fonte: modificado de Slabunov et al.,(2017)

- Supercontinente Colúmbia: Formou-se entre 2,3 e 1,8 Ga (Figura 21). Com sua evolução, o mesmo fragmentou gerando os megacontinentes Atlântica (que corresponde a Amazônia, Oeste-Africano, Congo e talvez Rio de La Plata e Norte Africano), Ártica (Laurência, Sibéria, Báltica, Norte da Austrália e Norte da China) e mais outras massas de terras menores, que voltaram a se aglutinar formando o Rodínia.

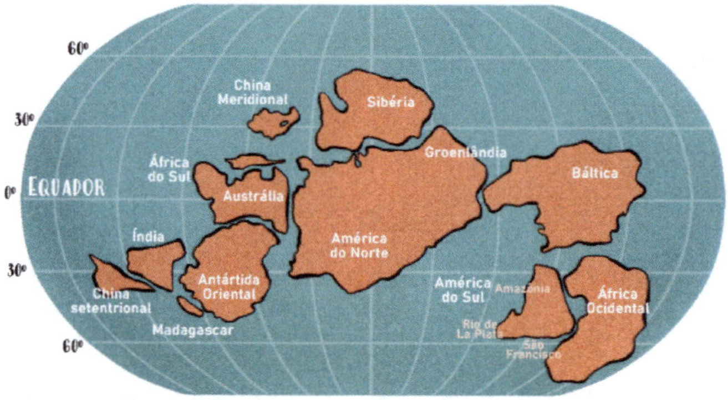

Figura 21 - Reconstituição do supercontinente Columbia de cerca de 2,3 Ga. As massas de terra estão nomeadas de acordo com os nomes atuais.
Fonte: modificado de Rogers (2002).

- Supercontinente Rodínia: Esse s se formou cerca de 1,1-1,0 Ga com a junção dos continentes derivados do Colúmbia (Figura 22). Através da ruptura deste continente, se originaram os Laurência e Báltica, massas continentais que hoje representam a América do Sul e da África. Segundo cientistas, a fragmentação do Rodínia e com o aumento da atividade tectônica teria introduzido nutrientes nos oceanos e, posteriormente, auxiliando na evolução da vida primitiva. Logo, é estimado que ele existia antes da vida na Terra

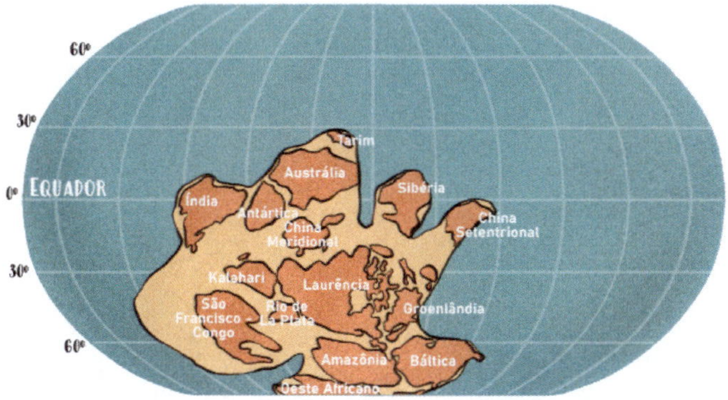

Figura 22 - Reconstrução do supercontinente Rodínia datado 1,1 Ga. As massas de terra estão nomeadas de acordo com os nomes atuais. Laurência corresponde a porções norte-americanas.
Fonte: modificado de Santos et al., (2020).

- Supercontinente Pangaea: Por volta de 230 Ma formou-se o Pangea (Figura 23 A). Em 200 Ma, começou a fragmentar-se, dividindo-se em Gondwana, massa que hoje corresponde ao Brasil, África e Austrália, e Laurásia, correspondente da América do Norte, Europa e Ásia (Figura 23 B). No Jurássico, há cerca de 135 Ma, gradativamente, os continentes foram se separando e tomaram o formato atual (Figura 23 C). Hoje, como já conhecemos, a Terra é dividida em sete continentes (Figura 23 D): América, África, Europa, Ásia, Oceania e Antártica, e daqui a alguns milhões de anos terá outra configuração, visto o exemplo do continente africano que está em processo de separação.

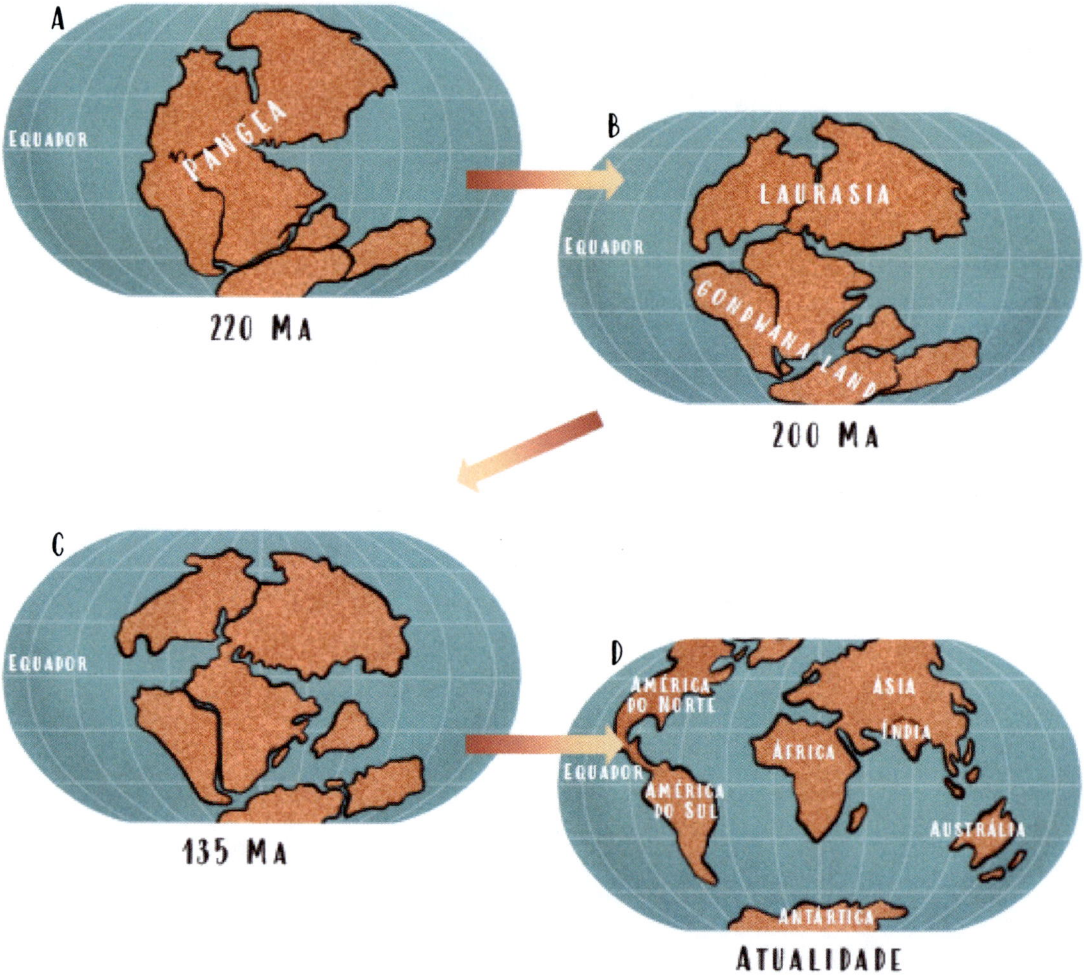

Figura 23 - Evolução continental a partir do Pangaea até os dias atuais. A) Supercontinente Pangea; B) Fragmentação do Pangaea originando a Laurásia e Gondwana; C) Início da quebra continental para gerando a configuração atual; D) Configuração dos continentes nos dias atuais. Fonte: modificado de Correa et al., (2019).

Evolução da Paisagem

A tectônica de placas não exerce influência apenas em escalas continentais como vimos anteriormente, mas em escalas regionais também. A interação entre tectônica e clima, por exemplo, moldam o revelo que vemos hoje. As paisagens que observamos e admiramos evoluem com o tempo à medida que processos como o soerguimento (levantamento da crosta terrestre), intemperismo, erosão, transporte e deposição de sedimentos se combinam e moldam a superfície que vemos.

Quando as cadeias de montanhas são formadas (soerguimento) e sofrem os processos intempéricos, a erosão acontece. Os materiais carreados pela erosão (sedimentos) depositam em locais chamados bacias sedimentares. As montanhas são resultado da tectônica de placas e quanto mais recente a atividade, mais altas elas são, como por exemplo o Himalaia. O Himalaia, como já vimos, é resultado da colisão entre as placas Indiana e Euroasiática.

A paisagem que vemos é resultado da interação do que chamamos de mecanismos internos e externos da Terra. De forma resumida, os mecanismos internos são os movimentos das placas tectônicas resultado do calor do interior da Terra e mecanismos externos são a energia e calor solar gerando o clima que controla os processos intempéricos.

Os processos de formação

da paisagem (Figura 24) são um ciclo e podem ser resumidos como: soerguimento da crosta com formação de montanhas e cordilheiras, a energia do sol controlando o clima gerando diferentes regimes na Terra (calor, frio, evaporação, chuva), onde o intemperismo começa a atuar nas rochas, resultando nos processos erosivos gerando a forma das montanhas e horizontes, escoamento superficial, formação de corpos d'água (rios, lagos e oceanos) e as bacias sedimentares. Com o passar dos tempos os sedimentos viram rochas e o ciclo reinicia.

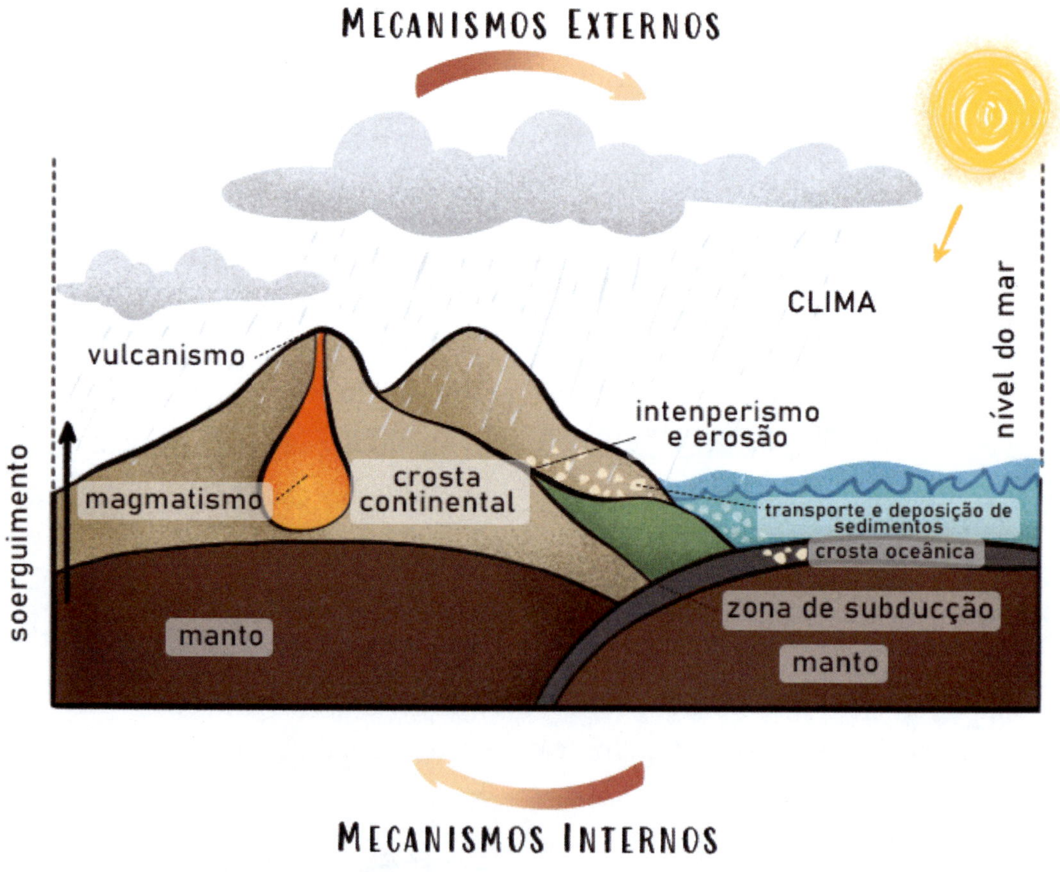

Figura 24 - Os principais processos de formação da paisagem onde vemos a interação entre mecanismos internos e externos.
Fonte: a autora

Indicação de Leitura: Personalidade Geológica

Marie Tharp - A mulher que mapeou o fundo do oceano.

Figura 25 - Celebrando Marie Tharp - A mulher que mapeou o fundo do oceano.
Fonte: Unicamp

ATIVIDADE 1

CAÇA-PALAVRAS

Ache as palavras desse caça palavras que estão escondidas na horizontal e vertical!

E	U	N	E	M	E	S	O	O	C	E	Â	N	I	C	A	S	P
V	T	M	E	C	O	N	V	E	R	G	E	N	T	E	A	U	E
W	E	R	E	E	S	S	I	T	O	W	A	S	E	N	R	B	T
A	T	S	N	T	E	Y	I	Y	N	R	T	Y	R	H	P	D	Y
U	U	O	T	I	A	I	S	M	L	A	O	D	T	T	I	U	F
C	N	I	N	Ú	C	L	E	O	A	O	S	R	E	T	I	C	T
T	R	A	N	S	F	O	R	M	A	N	T	E	M	T	N	Ç	T
P	R	O	D	I	V	E	R	G	E	N	T	E	P	E	R	Ã	T
R	I	F	S	A	T	N	C	U	B	H	A	O	N	S	N	O	U
E	E	T	J	T	T	E	H	E	O	K	R	I	F	T	E	S	H
L	T	O	O	T	A	R	L	W	L	E	O	G	O	S	E	T	W
A	S	E	S	U	P	E	R	C	O	N	T	I	N	E	N	T	E

- convergente
- crosta
- divergente
- manto
- supercontinente
- meso-oceânica
- núcleo
- rifte
- prospecção
- transformante

ATIVIDADE 2

INDIQUE ONDE ESTÃO

Nas figuras abaixo, que representam as etapas do Ciclo de Wilson, indique: (1) subducção, (2) rifte continental, (3) crosta continental, (4) crosta oceânica; (5) colisão continental, (6) cadeia meso-oceânica; (7) manto, (8) cadeia meso-oceânica.

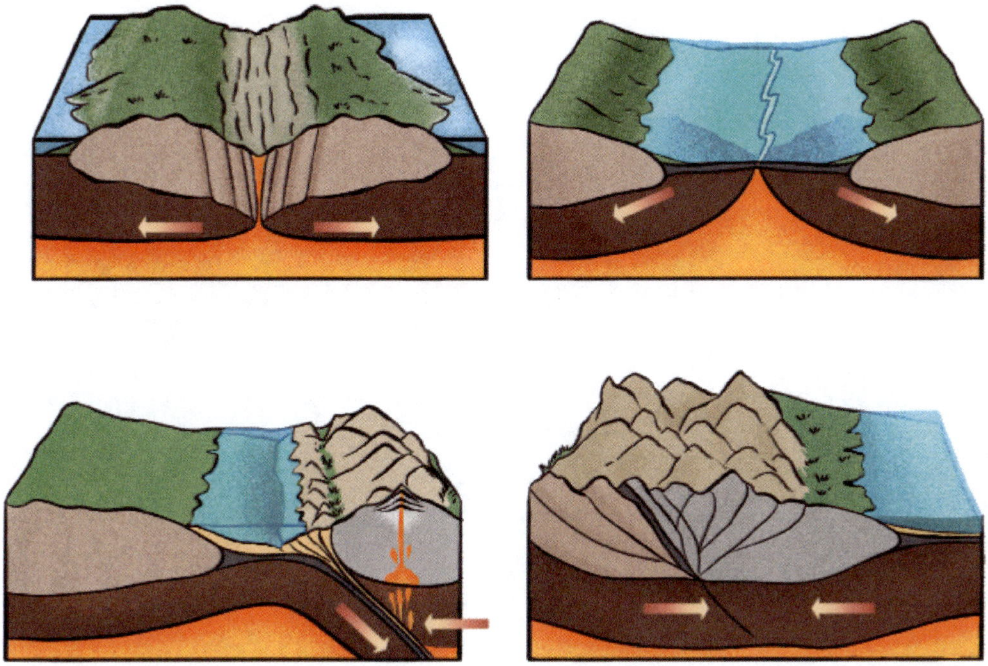

ATIVIDADE 3

CONSEGUE NOMEAR?

No desenho a seguir, nomeie cada placa tectônica e indique a direção, com setas, dos limites divergentes, convenentes e transformantes.

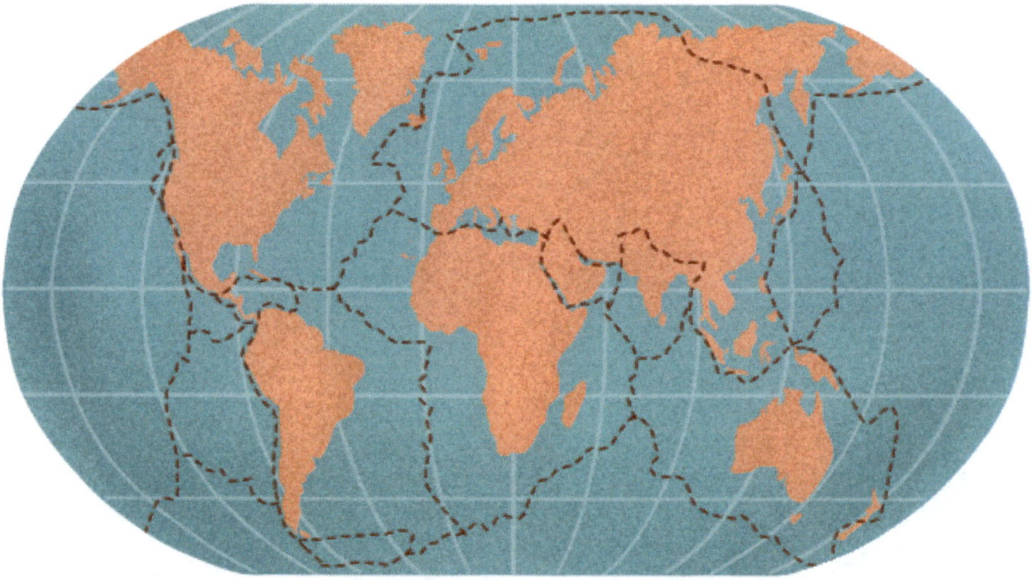

ATIVIDADE 4

HORA DE PENSAR!

1. O que é a teoria da tectônica de placas?

____
____
____
____
____
____
____
____

2. Qual é a força motriz que faz as placas se moverem?

____
____
____
____
____
____
____
____

3. Como os sistemas do clima e da tectônica de placas interagem para controlar a paisagem?

4. Discorra brevemente sobre os métodos de investigação.

Gabarito

A seguir vem o nosso gabarito!

Então não espie se não tiver terminado as atividades.

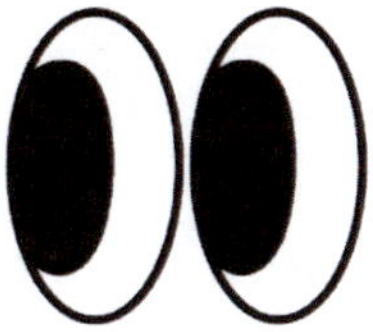

GABARITO

Agora vamos ver os gabaritos das atividades anteriores.

Atividade 1

E	U	N	E	M	E	S	O	O	C	E	Â	N	I	C	A	S	P
V	T	M	E	C	O	N	V	E	R	G	E	N	T	E	A	U	E
W	E	R	E	E	S	S	I	T	O	W	A	S	E	N	R	B	T
A	T	S	N	T	E	Y	I	Y	N	R	T	Y	R	H	P	D	Y
U	U	O	T	I	A	I	S	M	L	A	O	D	T	T	I	U	F
C	N	I	N	Ú	C	L	E	O	A	O	S	R	E	T	I	C	T
T	R	A	N	S	F	O	R	M	A	N	T	E	M	T	N	Ç	T
P	R	O	D	I	V	E	R	G	E	N	T	E	P	E	R	Ã	T
R	I	F	S	A	T	N	C	U	B	H	A	O	N	S	N	O	U
E	E	T	J	T	T	E	H	E	O	K	R	I	F	T	E	S	H
L	T	O	O	T	A	R	L	W	L	E	O	G	O	S	E	T	W
A	S	E	S	U	P	E	R	C	O	N	T	I	N	E	N	T	E

- convergente
- crosta
- divergente
- manto
- supercontinente
- meso-oceânica
- núcleo
- rifte
- prospecção
- transformante

Atividade 2

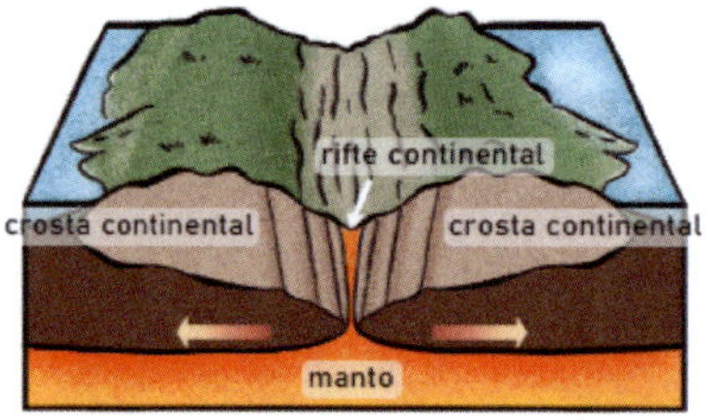

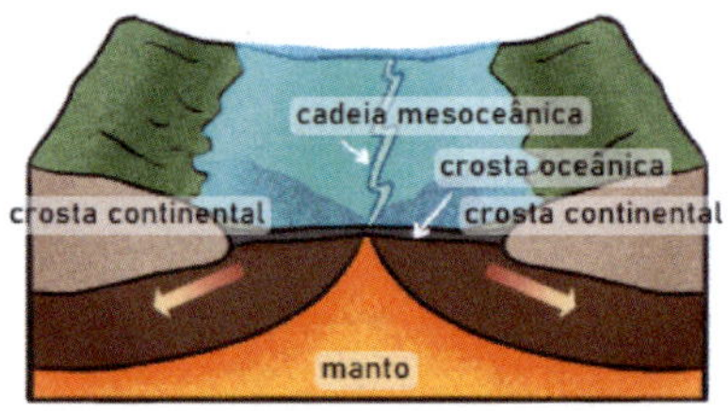

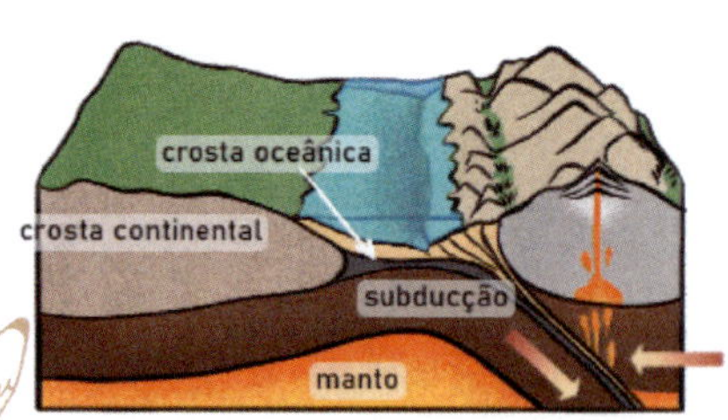

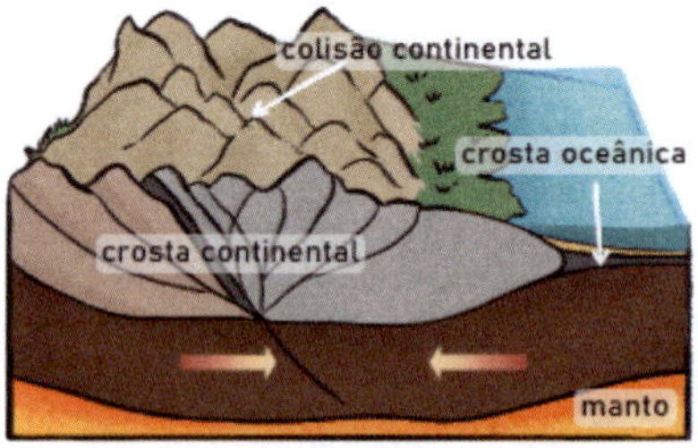

Atividade 3

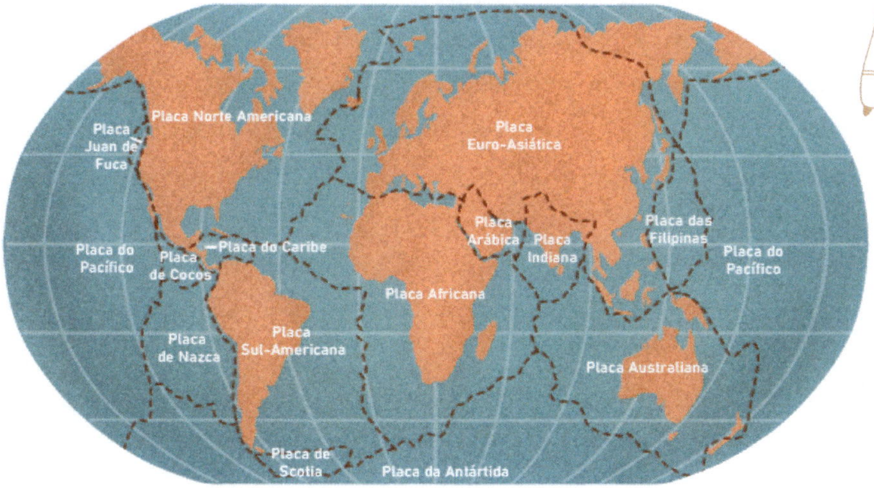

Atividade 4

1. O que é a teoria da tectônica de placas?

A teoria da tectónica de placas é a hipótese de que a crosta, a camada mais superficial da Terra, está fragmentada em grandes e pequenas placas que se movem relativamente umas às outras, sobre o manto.

2. Qual é a força motriz que faz as placas se moverem?

A força motriz que move as placas vem do manto através da convecção mantélica. O manto, mesmo em seu estado físico sólido, não é estático. Por conta do calor que existe no interior da Terra, as rochas do manto se submetem a um movimento de convecção. Onde as rochas mais quentes tendem a subir para áreas mais próximas ao limite com a crosta e as rochas mais frias tendem a descer próximo ao limite com o núcleo gerando um movimento circular vertical. Consequentemente, as placas que estão acima do manto ficam subordinadas a esse movimento e se deslocam. Onde este movimento é ascendente, as placas tectônicas acima estabelecem um movimento divergente e onde este movimento é descendente, as placas sobrejacentes se convergem.

3. Como os sistemas do clima e da tectônica de placas interagem para controlar a paisagem?

Com a formação das rochas, principalmente através das atividades vulcânicas, subsequentemente as mesmas soerguem formando as cadeias de montanhas como as Cordilheiras dos Andes na América do Sul, Himalaias na Ásia e/ou Serra dos Órgãos no estado do Rio de Janeiro. As montanhas passam pelo processo de intemperismo, erosão e os sedimentos gerados escoam pelos rios até chegarem às planícies costeiras (praias). A tectônica de placas e o clima interagem dentro desse ciclo e é responsável pelo relevo que vemos hoje.

4. Discorra brevemente sobre os métodos de investigação.

Métodos de investigação são os diversos procedimentos matemáticos ou experimentais que os cientistas executam a fim de estudar, observar, explorar e/ou responder questionamentos para elaboração de uma hipótese. Eles podem ser diretos, que usam a observação, ou indiretos que consiste no uso da velocidade de propagação de ondas sísmicas, por exemplo. Na geologia, os geólogos utilizam as ondas sísmicas mecânicas S e P. Elas são propagadas através de sismos ou explosões feitas na superfície da Terra e dão informação sobre o interior da Terra de acordo com suas características. A principal revelação que o uso dessas ondas sísmicas deu aos geólogos é de que as camadas do interior da Terra são sólidas, exceto o núcleo externo.

REFERÊNCIAS

Cajal, A. 2022. Dorsal atlântica. Disponível em https://www.lifeder.com/dorsal-atlantica/. Acessado em Abril de 2023

Correa, I, C. S., Weschenfelder, J., Calliari, L. J., Toldo, E. 2019. Plataforma Continental do Rio Grande do Sul. In: Plataforma Continental Brasileira. PGGM, 73-158.

Criado, M. A. 2018. Rachadura quilométrica recorda que a África está se dividindo em duas. Disponível em: https://brasil.elpais.com/brasil/2018/04/04/ciencia/1522854864_966199.html. Acessado em Abril de 2023

Fossa das Marianas/Mariana Trentch. Disponível em: http://salvador-nautico.blogspot.com/2009/12/fossa-das-marianas.html. Acessado em Abril de 2023

Guia geográfico-Mar Vermelho. Disponível em: https://www.guiageografico.com/egito/mar-vermelho.htm. Acessado em Abril de 2023

Himalaia o teto do mundo que deixa qualquer um 'sem fôlego'. Disponível em: https://www.mdig.com.br/index.php?itemid=54038. Acessado em Abril de 2023

Online Etymology Dictionary. Disponível em: https://www.etymonline.com/word/tectonic. Acessado em Outubro de 2022

Piesing, M. 2019. O buraco mais profundo já cavado na Terra. Disponível em: https://www.bbc.com/portuguese/vert-fut-48330248. Acessado em Dezembro de 2022

Rachadura gigante no Quênia mostra que África se dividirá em duas. 2022. Disponível em: https://revistagalileu.globo.com/Ciencia/noticia/2018/04/rachadura-gigante-no-quenia-mostra-que-africa-se-dividira-em-duas.html. Acessado em Abril de 2023

Rogers, J. J., Santosh, M. 2002. Configuration of Columbia, a Mesoproterozoic supercontinent. Gondwana Research. 5 (1): 5–22.

Santos, F.l. a., Nascimento, F, R., Claudino-Sales, V. 2020. Ciclo dos supercontinentes e reflexos morfoestruturais no Noroeste do Ceará/Brasil. Ateliê Geográfico 14(2):67-90.

Slabunov, A., Guo, J., Balagansky, V., Zhang, L. 2017. Early precambrian crustal evolution of the Belomorian and trans-north China orogens and supercontinents reconstruction. Geodynamics & Tectonophysics 8(3):569-572.

Solera, M. 2020. Cajón del Maipo: a Cordilheira dos Andes pertinho de Santiago. Disponível em: https://www.buenasdicas.com/cajon-del-maipo-dicas-5873/. Acessado em Abril de 2023